Georges d'Avenel

L'Industrie du fer

Mécanismes de la Vie moderne

 Le code de la propriété intellectuelle du 1er juillet 1992 interdit en effet expressément la photocopie à usage collectif sans autorisation des ayants droit. Or, cette pratique s'est généralisée dans les établissements d'enseignement supérieur, provoquant une baisse brutale des achats de livres et de revues, au point que la possibilité même pour les auteurs de créer des œuvres nouvelles et de les faire éditer correctement est aujourd'hui menacée. En application de la loi du 11 mars 1957, il est interdit de reproduire intégralement ou partiellement le présent ouvrage, sur quelque support que ce soit, sans autorisation de l'Éditeur ou du Centre Français d'Exploitation du Droit de Copie , 20, rue Grands Augustins, 75006 Paris.

ISBN : 978-1979680165

10 9 8 7 6 5 4 3 2 1

Georges d'Avenel

L'Industrie du fer

Mécanismes de la Vie moderne

Table de Matières

Introduction	6
Section I	6
Section II	9
Section III	16
Section IV	22
Section V	25
Section VI	31
Section VII	35

Introduction

Quand les anciens classaient l' « âge de fer » au dernier rang de leur catalogue, comme celui dont l'humanité devait attendre la moindre somme de bonheur, ils ne se doutaient guère que le fer marcherait pour ainsi dire pas à pas avec la civilisation, dont il est la condition indispensable. Et en effet, avec le papier, le fer est la marchandise dont l'usage en notre siècle a le plus augmenté.

A eux deux ces objets, l'un si fragile, l'autre si solide, le papier et le fer, ont été, dans l'ordre moral et matériel, les principaux agents du progrès. Fer, fonte ou acier ont d'ailleurs même caractère que l'époque pratique où ils se sont si prodigieusement développés : plus utiles, ce semble, que beaux. Sous le rapport de l'esthétique, les forgerons de jadis en avaient tiré tout le faible parti dont ils sont susceptibles ; les contemporains, à cet égard, n'ont rien innové. Partout où il a évincé le bois et la pierre, le fer, artistiquement, ne les a pas remplacés. Serviteur nécessaire plutôt qu'agréable, il ne sait pas charmer ; on l'aime par intérêt, non pour lui-même. Admirable quand il travaille, — une locomotive en action a sa grandeur, un marteau-pilon en marche a sa majesté, — il est vilain au repos. L'architecte essaie-t-il d'en faire des monuments pour récréer la vue, son aspect osseux demeure pauvre, triste et sec. Cependant toute notre existence matérielle repose aujourd'hui sur lui.

Section I

En même temps qu'il en multipliait l'emploi, le siècle présent a perfectionné la fabrication de ce métal. La fonction et l'organe ont grandi de concert. Il n'existait pas autrefois de population manufacturière pour le fer ; jusqu'à la Révolution la fonderie demeura œuvre purement agricole, tandis que beaucoup d'autres branches du travail national, — les textiles par exemple, — avaient déjà pris la forme industrielle.

On possédait une forge au XVIIIe siècle comme on a de nos jours une ferme. Le haut fourneau s'allumait à la fin des vendanges, pour s'éteindre à la récolte des foins. C'était, en pays de minerai, une occupation d'hiver. Le cultivateur se faisait mineur sans beaucoup d'efforts ; il grattait, creusait quelque coin propice de son champ. Sa hotte une fois pleine, il allait à la forge voisine en vendre le contenu qu'il versait dans l'orifice du four ; puis il repartait la remplir de nouveau. La production de ces fourneaux anciens, hauts d'environ quatre mètres, était en rapport avec cette alimentation rudimentaire. Ils fournissaient de 1 000 à 1 500 kilos de fonte par jour, tandis que ceux d'aujourd'hui, ayant 24 mètres d'élévation et larges à proportion, rendent quotidiennement 125 000 kilos de fonte ; — et certaines usines en entretiennent huit ou neuf.

En comparant les livres de métallurgie, depuis la fin du XVe siècle jusqu'au commencement du XVIIIe, on constate que les procédés, d'une date à l'autre, n'ont pas varié. Les forges les plus antiques n'avaient que des soufflets manœuvres à la main, ou bien, établies sur les hauteurs, elles utilisaient la force du vent pour faire marcher leur soufflerie, par un mécanisme sans doute analogue à celui des moulins. Dès le règne de Louis XII, elles s'installèrent près des cours d'eau, dont elles avaient appris à se servir comme moteurs. Au lieu d'être cantonnées, ainsi que de nos jours, en sept départements, — dont deux, la Meurthe-et-Moselle et le Nord, produisent à eux seuls les trois quarts du stock annuel des fontes françaises, — les forges de naguère étaient éparpillées sur tout le territoire, recherchant toutefois le voisinage des forêts qui leur procuraient le combustible. On calculait qu'il fallait 100 kilos de bois pour avoir 17 kilos de charbon et 100 kilos de charbon pour obtenir 34 kilos de fer ; soit une consommation de 1 700 kilos de bois pour un rendement de 100 kilos de fer. Une forge moyenne absorbait ainsi à elle seule la production annuelle de 2 000 hectares de forêts. Les plus vastes domaines n'auraient donc pu suffire longtemps à une fabrication un peu active. Cette fabrication, d'ailleurs, les lois en faisaient souvent un privilège : dans la Normandie du moyen âge les « ferons » ou barons fossiers avaient seuls le droit d'allumer des fourneaux, et chacun d'eux ne pouvait produire qu'une quantité strictement limitée. La hausse des bois ne tarda pas à rendre ces prérogatives illusoires. Dès le XVIIe siècle, à mesure que les défrichements augmentaient, beaucoup de forges disparurent. Dans celles qui subsistèrent, la question du combustible, l'achat judicieux des bois, demeura la principale préoccupation du maître ; elle exigeait des déboursés énormes. Ces arbres, acquis sur pied, qu'il fallait abattre, carboniser, voiturer, conserver en vastes monceaux, immobilisaient un sérieux capital.

Le prix du fer s'en ressentait. Ce qui coûte aujourd'hui 12 fr. les 100 kilos coûtait, en tenant compte de la valeur de l'argent, 80 francs sous saint Louis ou sous Charles le Sage, 100 francs au XVIe siècle, 90 francs depuis Henri IV jusqu'à Napoléon Ier. Tout contribuait d'ailleurs à cette élévation des prix : non seulement le taux du minerai, qui se payait en moyenne trois fois plus cher que de nos jours, — bien que sa richesse fût identique à celle qu'il possède encore dans les mêmes gisements, — mais aussi la main-d'œuvre. La forge de Messarge, dans l'Allier, qui produisait 150 tonnes de fer en 1794, employait, au dire du commissaire de la Convention, 500 personnes ; de nos jours le dixième de cet effectif serait proportionnellement suffisant. Ce haut prix du métal en paralysait l'usage : le Roussillon passait, au XIVe siècle, pour exporter dans les provinces voisines une certaine quantité de minerai ; d'après les comptes du péage, il se trouve qu'il n'en expédiait en réalité qu'une moyenne de *quarante tonnes* par an. Sur le territoire qui correspond à l'ancien département du Haut-Rhin, la vente du fer, qui constituait un monopole, était d'environ 100 000 kilos par an au début du xvii'* siècle. Dans la France contemporaine un district de même étendue ne saurait se suffire à moins de 15 millions de kilos — 150 fois plus qu'il y a trois siècles.

Trois grands consommateurs d'aujourd'hui : chemins de fer, bateaux, machines, n'existaient pas ; les besoins d'un quatrième, l'artillerie, étaient insignifiants. Encore nos fabricants eussent-ils été bien empêchés de les satisfaire. Après avoir importé des Etats de Venise, jusqu'au XVIe siècle, certaines têtes dont elle ne pouvait se passer, la France n'avait encore sous Louis XIII, avant la création de la fonderie du Havre, aucun établissement qui pût l'entretenir de canons. Richelieu, pendant la guerre de Trente ans, les achetait en Angleterre, en Hollande surtout, où ils étaient le meilleur marché. L'agriculture, autre gros mangeur de métal, n'en usait alors presque pas. Les essieux de charrette étaient en bois, les pelles aussi ; les roues n'avaient pas de bandages, et les charrues ne consistaient qu'en une sorte de fer de lance, sillonnant les champs d'après la méthode de l'araire des *Géologiques*.

Hier encore, c'est-à-dire sous Louis-Philippe, bien que la fonte coûtât 300 francs la tonne au lieu de production, — son transport à Paris se payait 45 francs, — ce prix rémunérait si faiblement les maîtres de forges au bois que celles-ci, une à une, s'éteignaient. Grâce aux forges à la houille, et malgré la demande qui n'a cessé d'augmenter, les prix sont tombés au sixième de ce qu'ils étaient en 1840, tandis que la production de la fonte passait, dans le même intervalle, de 350 000 tonnes à plus de 2 millions en 1893. Notre pays cependant, malgré ses progrès contemporains, est déchu du rang qu'il occupait à cet égard il y a trente ans dans le monde, immédiatement au-dessous de l'Angleterre. Celle-ci même, classique fournisseur du globe, a perdu sa prééminence. Son apport de 6 millions de tonnes sur le marché universel est dépassé par celui des Etats-Unis, qui s'élève à 9 millions. Derrière le Royaume-Uni vient l'Allemagne qui, durant la dernière période, est brusquement montée de 500 000 tonnes à 4 millions et demi. La France n'occupe plus que la quatrième place avec un rendement de moitié inférieur, et à peine triple de celui de la Belgique.

Section II

Pour nous consoler de l'indigence relative de notre sous-sol, nous pourrions calculer, en prenant pour base l'extraction actuelle et les gisements exploités, qu'il ne restera plus dans cent ans de minerai de fer en Europe, et que, dans deux cents ans, il n'y demeurera pas un morceau de houille. Mais, — laissant de côté cette préoccupation qui n'a rien d'immédiat, — nous remarquerons que déjà la pénurie de charbon nous oblige à importer le tiers de celui que nous brûlons ; et la moitié du minerai qui alimente nos forges vient de l'étranger. La nature nous ayant ainsi peu favorisés, c'est à la perfection du travail, à l'habileté personnelle de ceux qui l'ont fondée, qu'est dû chez nous le succès de cette industrie.

Sur les deux millions de tonnes de fonte produites en France, la Meurthe-et-Moselle en fournit 1 200 000 ; six autres départements, dont le Nord, la Saône-et-Loire, le Pas-de-Calais, contribuent ensemble pour 600 000 tonnes ; le reste du territoire pour 200 000 seulement. Mais le métal qui sort des hauts fourneaux de Flandre ou de Basse-Bourgogne est loin de provenir exclusivement du minerai de ces régions. A côté de celui qu'ils recueillent sur leur propre terrain : fer couleur de rouille, appelé *oolithique* parce que ses grains agglutinés ressemblent à des œufs de poisson, enfermés dans une gangue calcaire ; fer *pisolithique*, jaune sale ou terreux, que l'on prendrait pour un tas de petits pois fossiles ; avec ces minerais indigènes de qualité et de rendement médiocre, — on n'en retire pas plus de 28 à 35 pour 100 en fonte, — se trouvent associés les minerais apportés des Alpes ou des Pyrénées, d'Espagne et de l'île d'Elbe, d'Algérie surtout, de la célèbre Mokta-el-Hadid, la « montagne de fer ».

Ceux-ci donnent 65 pour 100 de leur poids en un métal incomparable, mais que le transport enchérit au point qu'il ne pourrait, dans les emplois ordinaires, soutenir la concurrence des marchandises de moindre valeur. C'est là un fer, un acier aristocratique destiné à la machinerie, aux canons, au blindage des navires. L'importation du minerai algérien ou espagnol s'élevant à 800 000 tonnes par an, dont le produit en fonte est de 500 millions de kilos, on voit que la part du sol national dans la fabrication française se réduit à peu de chose, en dehors du bassin de l'Est.

Là, le minerai est si abondant et d'une extraction si aisée que, malgré sa faible teneur en métal pur, les forges lorraines n'ont pas eu de peine à l'emporter sur toutes les autres sous le rapport de la quantité. Les mines de fer de la Moselle sont pour la plupart peu profondes ; on y entre de plain-pied par une pente douce. Les mineurs travaillent à la tâche par groupes de trois : un chef et deux aides. La roche s'attaque en taillant au pic une tranchée verticale et en faisant sauter, à la poudre, la partie inférieure ; un second coup de mine fait tomber la partie supérieure. Le travail est d'ailleurs beaucoup plus délicat qu'on ne le croirait à l'entendre ainsi énoncer ; il y faut un long apprentissage. Selon l'adresse de son chef, selon la manière dont il aura foré son trou, un chantier abattra plus ou moins, dépensera plus ou moins de poudre. Ce minerai est chargé par un des aides dans un wagonnet, qu'il pousse jusqu'à la galerie voisine. Il y accroche un numéro pour servir au règlement du compte, et un cheval conduit ces wagonnets jusqu'à une avenue plus vaste où, selon la configuration du sol et la distance qui sépare la mine des hauts fourneaux, divers systèmes de traction sont mis en usage. Plusieurs établissements se servent, pour l'adduction du minerai, de chemins de fer aériens : on aperçoit à 12 ou 15 mètres en l'air, pérégrinant solitaires par la campagne et parcourant, de leur propre mouvement, semble-t-il, les kilomètres, des bennes suspendues à un câble sans fin ; les pleines, allant à la forge, marchant en sens inverse des vides, qui retournent à la mine ; toutes se suivant régulièrement à 25 ou 30 mètres d'intervalle, selon la force de résistance, exactement mesurée, des chevalets, des fils, et de la machine à vapeur qui les actionne.

Dans l'usine la plus importante de l'Est, à Hayange, les mines étant toutes voisines des forges, un ingénieux funiculaire sur rails amène seulement les wagonnets jusqu'à l'entrée de la galerie principale. Ils sont alors pesés sur une bascule et portés à l'avoir collectif des trois ouvriers qui les ont remplis. En moyenne, puisqu'il faut toujours revenir aux moyennes, chaque ouvrier extrait 5 000 kilos par jour et gagne 5 francs, non compris sa dépense de poudre d'environ un franc et les frais de boisage ou autres de la mine, qui coûtent à l'administration un franc par tête. Ces cinq tonnes de pierre à fer, semblable à de la meulière concassée, reviennent ainsi à 7 francs et produiront à peu près 1 600 kilos de fonte au sortir du creuset. Le bon marché du minerai est ici l'un des principaux facteurs de la réussite. Il est compensé par le prix élevé du combustible que l'établissement est obligé d'acheter au loin, bien qu'il possède des mines de houille à proximité.

C'est que tous les charbons ne sont pas propres à se transformer en coke pour la fonte. Ils ne doivent être ni trop gras ni trop maigres. Les forges du bassin de la Loire fabriquent elles-mêmes leur coke, en mélangeant, dans des broyeurs spéciaux, les houilles et les anthracites du pays. La plupart des forges de l'Est, au contraire, doivent payer de 10 à 11 francs pour le transport de mille kilogrammes de coke qui, au sortir des fours de carbonisation du Nord, de Belgique ; ou de Luxembourg, ne se vendent pas plus de 14 francs. Ce détail montre qu'il n'y a rien d'exagéré dans l'opinion généralement admise en métallurgie que la tonne de fer, prête à être livrée au commerce, a payé en transports sept, huit et jusqu'à dix fois sa valeur primitive ; en d'autres termes que le prix du fer se compose en grande partie de frais de ports multiples. D'où il suit que le plus sûr moyen de gagner davantage, c'est de réduire au minimum le déplacement des matières premières. Il vaut mieux dans ce dessein se rapprocher du minerai, dût-on s'éloigner du coke ; parce que, dans la fabrication de la fonte, il entre ici une tonne de coke contre trois tonnes de minerai, et que par conséquent, l'économie réalisée d'un côté est trois fois plus grande que la dépense effectuée de l'autre.

Ces wagonnets que la mine jette sans discontinuer au dehors, à mesure qu'ils apparaissent à l'orifice, glissant sur les rails, et qu'ils viennent successivement se coller les uns aux autres, un homme les accroche ensemble, et le train se forme. Une locomotive y est attelée et l'emporte à la place d'une égale quantité de wagonnets vides qu'elle ramène de la forge, prêts à retourner séparément sous terre. Ce train de minerai arrive à peine à destination qu'une troupe de déchargeurs s'en emparent, faisant basculer son contenu dans des réservoirs placés en contre-bas de la voie. Ce déchargement, quelque rapide qu'il soit, comporte un premier triage. Suivant leur aspect, les qualités identiques sont réunies dans les mêmes compartiments, pour être isolément employées ou dosées en des mélanges rationnels. En six ou sept minutes, chaque manœuvre a versé quatre ou cinq wagons. Le train vidé repart chercher une nouvelle enfilée de voitures pleines.

Parallèlement à la voie étroite qui amène le minerai se trouve une ligne de largeur normale, raccordée aux réseaux des diverses compagnies de chemins de fer, donnant accès aux arrivages périodiques du coke, dont l'usine consomme 70 wagons par 24 heures. Pour le coke comme pour te minerai, les déchargeurs sont payés aux pièces ; mais la première besogne est moins régulière, par suite plus pénible que la seconde. Les heures de presse succèdent aux heures d'inaction, et ces alternatives de surmenage et de *farniente* sont plus pénibles qu'une opération régulière.

Sous les récipients où s'accumulent côte à côte le coke et les divers minerais, s'étend une salle basse et vaste infiniment, qui porte l'étage supérieur sur des colonnes de fonte énormes et très rapprochées, liées par un plancher de fer. Ici commence le travail perpétuel, qui ne connaît ni jour, ni nuit, ni fêtes. A la mine, on chôme régulièrement le dimanche, et la journée, si elle commence tôt, finit du moins de bonne heure, vers quatre heures de l'après-midi. Mais, pour l'enfantement du fer, la gestation est continue ; le haut fourneau, qui ne se repose jamais, exige qu'on l'alimente sans trêve. Ses entrailles, pour être toujours chaudes, doivent être toujours pleines. Ce géant, qui mot au monde toutes les deux heures une cuvée de 10 000 kilos de fonte, et qui, dans le même temps, rejette de ses flancs, chaque fois qu'on les ouvre, environ 20 000 kilos de scories qu'il n'a pu assimiler, consomme par conséquent une moyenne de 15 000 kilos de matières à l'heure. Il fait ce métier depuis qu'il est debout, jusqu'à ce qu'il meure de vieillesse. Sa vie dure, en général, quinze ans, sauf accidents. Il ne s'éteint que pour s'abattre, et, comme le phénix, il renaît de ses cendres ; on le rebâtit avec de nouvelles briques, on le rallume et il repart.

Les chiffres qui précèdent s'appliquent à la France ; aux Etats-Unis, il faut les doubler. Le haut-fourneau du dernier modèle produit, de l'autre côté de l'Atlantique, 250 tonnes de fonte par jour. Non que ses dimensions soient doubles des nôtres, mais il digère plus vite ce dont on le gave ; l'opération marche plus rapidement parce qu'on la pousse davantage ; on souffle plus fort. Ce qui est possible en Amérique où le minerai est plus lourd, ne le serait pas chez nous. Si nos soufflets possédaient la même énergie, ils enverraient tout dans la cheminée.

Six ouvriers, divisés en deux équipes de trois hommes, travaillant chacune 12 heures à tour de rôle, suffisent pour alimenter un fourneau. Quoique plus longue que celle de leurs camarades des autres ateliers, leur besogne est beaucoup moins pénible, très peu intensive et coupée de fréquents repos ; ce qui prouve, entre parenthèses, combien serait superficielle l'application légale d'une journée uniforme à des labeurs qui, dans la même usine, sont si différents. C'est sans se presser, et tout en fumant leur pipe, que les chargeurs de fourneaux roulent une boîte vide sous les réservoirs dont je viens de parler. Ils font jouer un levier, une soupape s'entr'ouvre par laquelle le coke ou le minerai tombe et emplit ce vase de tôle. Ils le poussent ensuite jusqu'à la plate-forme d'un ascenseur qui l'emporte, tandis qu'une autre benne semblable redescend. Et ainsi, depuis le matin jusqu'au soir, depuis le soir jusqu'au matin.

Suivons ce minerai qui monte. Parvenu au sommet, une grue s'empare de la boîte cylindrique dans laquelle il est contenu et la tient suspendue sur l'orifice du four, pendant qu'un mécanisme spécial enlevant les parois mobiles de dessus le fond, comme un pâtissier enlèverait un moule de dessus un gâteau, la matière s'engloutit d'elle-même en un clin d'œil dans le *gueulard*. C'est le nom que porte la partie supérieure de la cuve, où sont introduites les charges. Plus bas se trouvent le *ventre*, les *étalages*, l'*ouvrage* et le *creuset*, cinq parties essentielles d'un haut fourneau, que traversent ensemble, à mesure que leur transformation s'accomplit, le combustible, le minerai, et certains calcaires stériles qui leur sont adjoints, analogues à nos moellons de bâtisse, que l'on nomme les *fondants*. Leur unique objet est de mieux assurer la fusion du mélange et de préserver la fonte de l'action du courant d'air.

A son entrée, lorsque le couvercle du four s'est refermé sur lui, le minerai se trouve soumis à une température de 30 à 60 degrés seulement. A mesure qu'il se dessèche, s'échauffe, s'altère et se réduit, il descend vers le *ventre* où les réactions s'accentuent. Dans les *étalages*, le fondant, qui est maintenant de la chaux, forme avec la gangue, ou partie inutilisable du minerai, un silicate fusible qu'on nomme le *laitier* ; le fer se combine en même temps avec du carbone et un peu de silicium qui le rendent liquide en l'amenant à l'état de fonte. C'est le moment où il tombe dans le creuset. Il fait alors de 1 300 à 1 400 degrés de chaleur. Le fourneau, pour résister à une pareille température sans éclater ni se fendre, possède, à l'intérieur de sa première enveloppe épaisse d'un mètre, deux *fausses chemises* en briques réfractaires, distantes l'une de l'autre de 10 centimètres, dont la plus étroite renferme le métal en fusion.

En appliquant son œil au regard de verre, large comme l'objectif d'une lorgnette, ingénieusement combiné pour permettre au maître fondeur de se rendre compte de la marche du travail, on aperçoit, à l'intérieur du cratère de cette espèce de volcan apprivoisé, danser tout blancs, dans une sarabande enragée, les morceaux de coke au milieu d'un lac de fer. Cette agitation, compagne nécessaire de la métamorphose qui s'accomplit, le mouvement forcé de ces choses en train de perdre leur forme, leur substance et jusqu'à leur nom, leur est communiqué par le vent qui entre sans discontinuer, avec une puissance de 500 chevaux-vapeur, et s'introduit entre le *creuset* et l'*ouvrage* grâce à de vastes tubes nommés *tuyères*.

C'est peut-être le côté de la fabrication qui surprendrait le plus les maîtres de forges des temps anciens. Cet air, happé tout à l'heure par les souffleries à même l'atmosphère, vient d'être porté dans des appareils spéciaux jusqu'à 600 degrés de chaleur avant d'être chassé dans les fours. Lorsqu'il y arrive, avec une force capable de balayer un escadron en plaine, il n'est, pour ainsi dire, plus qu'un jet de flamme, promené et rôti comme il l'a été dans des serpentins de fonte, léché de tous côtés par un gaz incandescent. Et le plus curieux est que le gaz n'est autre chose que l'oxyde de carbone, produit par la combustion même du haut fourneau. Il s'en dégage en abondance et est capté, à la partie supérieure, dans de solides tuyaux qui l'amènent à la soufflerie. Là, il s'allume de lui-même, au contact de celui qui l'a précédé ; non seulement il chauffe l'air destiné à activer la fusion du métal, mais il remplace le charbon dans les chaudières des machines à vapeur qui actionnent les soufflets. C'est un calorique gratuit, si généreux et si complaisant qu'on emploie souvent à d'autres usages ce qu'on n'en peut utiliser dans la fonderie. Ainsi le four, sous ce rapport, s'alimente seul : le gaz chauffe et expédie le vent, le vent décompose les matières qui produisent le gaz.

Dans le minerai liquéfié, la division s'opère d'elle-même entre la fonte, que son poids entraine au fond du creuset et la scorie ou laitier, qui surnage. Les ouvriers auxquels incombe le soin d'écumer ce pot-au-feu infernal déplacent avec de longues barres de fer la *plaque de gentilhomme*, espèce de soupape protégée intérieurement par du sable amoncelé ; ils poussent une pièce mobile, la *dame*, et la lave, trouvant une issue, s'écoule au dehors, en ruisseau d'un rouge si vif qu'on a peine à soutenir sa vue, pour aller tomber dans des bassins énormes où elle ne tarde pas à se solidifier.

Cette marmite en tôle, doublée de briques, où s'accumulent ainsi huit à neuf mille kilos de pierre en fusion, est emportée, une fois pleine, par la locomotive qui va jeter son contenu au *crassier*. Le *crassier*, dépotoir des ordures de la forge, a commencé par être un simple tas de cendres noires ; de mois en mois, d'année en année, il a grossi, recevant tous les quarts d'heure un nouvel envoi de matières. Il s'est élevé, élargi ; c'est aujourd'hui une véritable montagne qui s'étale à quelque distance et modifie le relief naturel du sol. On lui a donné la forme d'un remblai de 3 kilomètres de long, de 40 mètres de haut et de 60 mètres de large au sommet, sur lequel sont posés les rails. La locomotive gravit la pente, poussant sur un wagon sa boite de scories devant elle. Au point d'arrivée, elle lance vers le bord du talus le wagon qui bascule, et le liquide de tout à l'heure, figé maintenant, se précipite dans le vide sous la forme d'un pudding large de 3 mètres, à l'écorce noire, dont on voit la nuit s'ouvrir les entrailles de feu, lorsqu'il se casse en roulant vers la vallée.

Cette lave, quoique refroidie, fermente encore durant des années ; elle se rallume souvent d'elle-même. Le sol que l'on foule là-haut est tiède, échauffé par une lente combustion souterraine, et parfois il s'y forme des crevasses inattendues où s'effondre une locomotive. Les plantations d'arbres vivaces, que l'on tente d'incruster sur les flancs du *crassier*, pour les soutenir et empêcher les éboulements, ne s'acclimatent qu'après plusieurs essais infructueux. Cette substance minérale, qui a passé par la flamme, brûle les racines qu'on lui confie. Elle est très longue à redevenir terre, à acquérir la capacité de nourrir les végétaux.

Section III

Le haut-fourneau est débarrassé de ses scories à des intervalles inégaux, suivant l'appréciation du contremaître : la sortie de la fonte est plus régulière. Toutes les deux heures environ, on débonde le creuset, en retirant un tampon d'argile qui le bouche, et le jet de feu liquide s'élance, d'aspect en tout semblable pour le profane à celui du *laitier*, recueilli comme lui dans des récipients mobiles. A ceux-ci toutefois on ne laisse pas le temps de se refroidir. Une locomotive les conduit en hâte à l'usine contiguë, où leur contenu va se transmuter en acier.

En trente heures, ce minerai que nous avons vu sortir des flancs de la colline, sous forme de roche, est fondu, coulé, converti, laminé. Il nous apparaîtra bientôt transformé en rails de chemin de fer. L'acier, que l'on fabrique aujourd'hui si aisément, en si grande quantité et à si peu de frais qu'il a évincé le fer de tous les emplois où ce dernier n'est pas indispensable, était jadis une préparation de pharmacie, très coûteuse à obtenir, dont il n'existait dans le commerce qu'un stock insignifiant et qui, par suite, était d'un prix inabordable. Le kilo se vendait 2 à 3 francs de notre monnaie aux XVIIe et XVIIIe siècles, — une partie venait d'Allemagne et d'autres pays étrangers ; — il vaut actuellement 0 fr. 12. Il y a cinquante ans à peine, il coûtait 0 fr. 50 ; enfin il n'y a pas quinze ans, lorsque l'on commençait à substituer le rail d'acier au rail de fer, — on sait qu'aujourd'hui il n'y a plus de « chemins de fer », mais seulement des *chemins d'acier*, — les compagnies du Nord et de l'Ouest s'estimaient très heureuses de payer ces rails à raison de 0 fr. 23 le kilogramme.

La première baisse de ce métal avait été la conséquence de l'abaissement proportionnel des prix du fer. Dès 1785 les Anglais avaient, les premiers, su tirer le fer de la fonte par le *puddlage* dont je parlerai plus loin. Les guerres de l'Empire, paralysant les relations entre les deux pays, la routine des maîtres de forges, et surtout les préjugés du commerce à l'endroit de ce fer nouveau, avaient retardé l'introduction en France des procédés d'outre-Manche, qui ne passèrent le détroit que sous la Restauration et ne se développèrent que sous Louis-Philippe. Ce système d'ailleurs ne supprimait pas la vieille hiérarchie du travail métallurgique, qui obligeait la fonte, avant de prétendre au grade supérieur d'acier, à stationner dans l'état intermédiaire de fer. Cet échelonnement fut aboli en 1853 par Bessemer, qui inventa la promotion directe de la fonte à l'acier ; et démocratisa celui-ci au point que, dans un avenir peu éloigne, il se cotera sans doute plus bas que le fer. Cette révolution s'explique : non seulement le passage immédiat à l'acier économise la dépense du charbon qu'exigeait la façon du fer, mais, dans certaines usines de l'Est, la main-d'œuvre d'une tonne de fonte revient à 3 fr. 75 pour être transformée en acier, au lieu de 12 à 15 francs qu'elle coûterait pour être transformée en fer. L'écart, quoiqu'en partie atténué par certains frais supplémentaires de fabrication des fontes destinées aux aciéries, demeure néanmoins considérable. Si le fer n'offrait pas cet avantage, fort apprécié des forgerons, d'être plus facile à souder, plus commode que l'acier, par sa dureté moindre, à s'adapter dans les campagnes aux mille besoins de l'agriculture, ses jours à coup sûr seraient comptés.

Des diminutions de prix, analogues à celle que je viens d'indiquer, sont obtenues chaque année dans l'industrie moderne par l'emploi d'un nouvel outillage : ainsi, en 1893, la substitution du cubilot au creuset, pour la fonte malléable, a permis au Familistère de Guise d'abaisser de 107 à 67 francs le coût des 100 kilos de chaudronnerie qu'il livre au public. Pour une marchandise aussi importante que l'acier, c'était une découverte grosse de conséquences, que l'idée d'un affinage pneumatique consistant à faire passer, à travers le bain de fonte, un courant d'oxygène qui brûle les éléments étrangers du fer.

Il devait sembler éminemment paradoxal, à première vue, que de l'air froid, pénétrant dans la fonte en fusion, pût en élever encore davantage la température. Comme il arrive toujours en cas pareil, la théorie scientifique du procédé ne fut faite qu'après que la pratique en eut été trouvée, après de longs tâtonnements. Ces tâtonnements furent coûteux. L'inventeur était riche : avant de réussir il mangea 7 millions en expériences, — toute sa fortune, puis celle de son beau-frère, qui s'était associé à lui. — Le gros du problème une fois résolu, Bessemer avait constaté que son fer, au cours de l'opération, conservait de l'oxyde dissous qui le rendait cassant. Il s'aperçut alors que, si les minerais employés par lui contenaient une proportion appréciable de manganèse, comme ceux de Suède par exemple, l'acier était meilleur. De là lui vint l'idée d'ajouter du manganèse pur, importé d'Allemagne ou d'outre-mer, autant qu'il en faudrait pour que cette substance, plus oxydable que le fer, fît passer l'oxyde à l'état métallique et annihilât par là même ses inconvénients. Moyennant cette addition si simple de 7 kilos de manganèse, par 1 000 kilos de fonte, le succès fut complet.

Pour la France cependant il n'était pas encore d'une très grande utilité, parce que la plupart de nos minerais nationaux contiennent une notable quantité de phosphore. Les fontes phosphoreuses que l'on en tirait, le fer qui en provenait, étaient d'une valeur médiocre. Impossible d'en obtenir un acier marchand. Telle était la situation lorsqu'on 1879 un pauvre clerc de notaire anglais, nommé Thomas, qui suivait à Londres des cours publics de métallurgie, trouva la formule pratique de déphosphoration des fontes. L'idée première appartenait à l'un de nos compatriotes, M. Grimer, professeur à l'Ecole des mines de Paris, qui, dans ses ouvrages, l'avait plusieurs fois suggérée. Mais il n'avait pas construit d'appareil, et toute la difficulté résidait dans l'application du principe scientifique.

On savait déjà que la chaux, mélangée à la fonte phosphoreuse dans une proportion déterminée, accaparait la totalité du phosphore avec lequel elle se combinait, et dont l'acier se trouvait ainsi purgé. Mais en même temps, par une réaction chimique, cette chaux faisait fondre les briques qui formaient le revêtement intérieur du convertisseur. L'idée semblait excellente et impraticable. Un Français, nommé Ponsard, qui avait essayé d'en tirer parti, venait d'échouer, lorsque Thomas imagina de remplacer la chemise de briques par un enduit de *dolomie*, sorte d'asphalte composé de goudron et de magnésie, — qui doit son nom à un savant du premier Empire, le marquis de Dolomieu, — et qui, n'offrant à la chaux aucune prise, est presque inaltérable. Le métal ainsi obtenu porte en langage technique le nom d'acier *basique*, tandis que celui de Bessemer est appelé *acide*. Mais tous deux se valent, et cette désignation de laboratoire ne sert qu'à distinguer leur fabrication.

Informé de la découverte, M. Schneider se rendit aussitôt à Londres ; il était cependant en retard de vingt-quatre heures. La veille l'inventeur avait vendu l'exploitation de son procédé dans le nord de la France à un Belge, M. Tasquin, moyennant la faible somme de 50 livres sterling — 1250 francs — sur laquelle il s'était immédiatement payé une bouteille de Champagne et un paletot. Le président du Creusot acquit toutefois, pour 25 000 francs, le droit d'appliquer cette méthode dans ses usines ; mais, lorsqu'il s'agit de l'étendre aux districts de l'Est, MM. Schneider et de Wendel durent racheter 800 000 francs à M. Tasquin ce que celui-ci avait obtenu pour 1250 francs. Quant à M. Thomas, quoiqu'il soit mort jeune, quelques années plus tard, — il n'avait que 28 ans en 1879, — succombant à la maladie de poitrine qui le minait, il eut le temps de profiter largement de son succès par la vente de divers brevets dans les deux mondes. En une seule région de l'Allemagne, la cession de son idée lui rapporta 3 millions. De leur côté, les maîtres de forges qui surent assurer à leurs établissements, pour sa durée légale, le monopole de cette méthode tombée depuis un an dans le domaine public, n'eurent pas à regretter leur initiative. Le groupe d'Hayange, en particulier, lui doit un prodigieux essor.

Grâce au nombre imposant des fourneaux allumés, il arrive à l'aciérie à peu près toutes les vingt minutes une bassine de 10 000 kilos de fonte. Naguère on la versait directement dans le convertisseur ; aujourd'hui, suivant une coutume importée d'Amérique, on procède à un mélange préalable : dix bassines sont successivement vidées dans un vase qui contient 100 000 kilos de fonte liquide. Comme un négociant de Bercy qui coupe dans ses foudres des vins de plusieurs provenances, ou mieux comme un grand agriculteur qui marie ensemble le lait des vingt ou trente vaches de ses étables, l'industriel obtient un métal plus homogène, plus régulier, en rassemblant ainsi la traite brûlante de ses divers creusets.

La fonte, soutirée ensuite, et dosée par portions uniformes, va subir sa deuxième incarnation : sous une halle immense apparaissent rangés le long du mur, à mi-hauteur, six ou sept obus gigantesques ; ce sont les *convertisseurs*. Leur base semble une écumoire, percée d'une masse de petits trous, par lesquels entrera le vent avec une force de 1 700 chevaux-vapeur, correspondant à une poussée de 2 kilos par centimètre carré. La puissance de la soufflerie est assez grande pour que ce vase, dont le fond est ainsi troué, ne perde pas une goutte de la fonte liquide qu'il contient ; 11 500 kilos de cette fonte, jointe à 2 000 kilos de chaux et à 80 kilos de manganèse, vont produire en quelques minutes 10 000 kilos d'acier.

Le convertisseur, pour recevoir son chargement, avait pris une position horizontale. Un coup de sifflet se fait entendre ; il se redresse ; on donne le vent. Tous les mouvements de ce mastodonte de fer lui sont imprimés par un mécanicien, immobile à nos côtés, à l'une des extrémités de la salle, devant un clavier de robinets, de leviers et de ressorts, qu'il pousse alternativement du bout du doigt suivant les signaux qui lui sont transmis. Le métal entre aussitôt en ébullition, sous l'action de l'oxygène de l'air, et pendant trois minutes un bruit terrible, tonitruant, se fait entendre ; c'est la combustion du silicium. A ce bruit se joint, durant les huit minutes suivantes, une flamme qui, par la gueule de l'appareil, s'échappe rugissante et tellement vive que, même en plein midi, les objets environnants projettent des ombres noires sur les murs de l'usine. C'est la combustion du carbone. Puis la flamme s'éteint, le bruit cesse ; on ne voit plus sortir qu'une fumée rougeâtre, intense. C'est le phosphore qui brûle. Enfin l'appareil s'incline majestueusement vers nous et, à ce moment, il en sort un bouquet de feu d'artifice, un éventail formidable d'étincelles. L'opération est terminée ; une autre recommencera tout à l'heure dans le convertisseur voisin.

Celle-ci a duré en tout de 14 à 15 minutes, avec une précision mathématique. Si on la prolongeait davantage, on brûlerait du fer, il y aurait perte ; si l'on cessait trop tôt, l'acier serait imparfait. Cet acier liquide est immédiatement versé dans les lingotières, sortes de moules d'une fonte spécialement préparée pour cette destination.

Quant au résidu de 3 500 kilos environ, demeuré dans la cornue, il représente maintenant une richesse : ce sont les « scories de déphosphoration », avidement recueillies par l'agriculture, pour qui elles constituent un engrais de premier ordre. Ces blocs immenses seront broyés en une poussière assez fine pour que les plantes auxquelles on l'offrira puissent absorber vite, et sans en rien perdre, sa teneur en phosphore. Quelques aciéries se livrent elles-mêmes à ce travail de mouture ; la plupart vendent leurs scories phosphoreuses à des intermédiaires qui, pour en tirer profit, ont fait à l'envi les uns des autres une publicité avantageuse aux détenteurs de cet engrais. Si bien que ce phosphore, naguère odieux aux industriels de la métallurgie, non seulement ne les gêne plus, mais leur rapporte. Les 2 000 kilos de chaux introduite dans le convertisseur n'ont coûté que 28 francs. Les 3 500 kilos de scories phosphoreuses qui en sortent sont vendues, brutes, environ 80 francs. Ici d'ailleurs le bénéfice du maître de forges n'est qu'apparent ; le gain réel est pour l'ensemble des consommateurs. L'arrivée d'un nouvel engrais artificiel sur le marché tend à faire baisser les prix de cette marchandise indispensable aux agriculteurs ; et le profit des usines sur cet engrais leur permet de réduire, d'un chiffre correspondant, le prix de la tonne d'acier livrée au commerce.

Le rôle de ces « sous-produits », l'art d'accommoder les restes, est toujours une partie bien curieuse de l'organisation contemporaine, — à Paris, la Compagnie du gaz y trouve le plus clair de ses dividendes. — On m'a montré, aux forges de Jœuf, une sorte de bassin, de douve malpropre, où se jette un ruisseau d'eau noire : il procure un revenu net de 24 000 francs par an. Cette eau, provenant des forges où elle se charge d'oxyde de fer, allait il y a quelques années se perdre directement dans la rivière voisine. Il a suffi de construire ce trou bétonné, qu'elle traverse en s'y reposant, pour capter gratis une quantité rémunératrice d'oxyde.

Section III

Section IV

L'usine de Jœuf, d'un rendement annuel de 150 000 tonnes, est située en Meurthe-et-Moselle, à quelques pas de la frontière allemande. Elle appartient à ce groupe d'Hayange, dont une partie malheureusement a cessé en 1871, par le traité de Francfort, d'appartenir à notre pays, et que j'ai pris pour point de départ de cette étude parce qu'il est le plus important de toute l'Europe, non pas tant par les 13 000 ouvriers qu'il occupe que par l'énormité de sa production. Son contingent représente à lui seul 500 000 tonnes de fonte, c'est-à-dire une quantité égale au quart de toutes les usines françaises réunies.

Les directeurs-gérants de cette association, MM. Henri et Robert de Wendel, — ce dernier vice-président, avec M. Henri Schneider, du Comité des forges de France, — offrent aussi cette particularité d'être les doyens des métallurgistes français. Ce fut en 1705 qu'un Wendel, gentilhomme lorrain, leur ancêtre direct, se rendit acquéreur d'Hayange. Depuis près de deux siècles, ses descendants y font du fer. Ignace de Wendel, commissaire des manufactures et capitaine d'artillerie, contribuait aussi en 1789 à la création de la fonderie royale du Creusot. François de Wendel, son fils, enseigne de vaisseau à la fin de l'ancien régime, se trouva revenir d'émigration en 1808, avec 30 louis pour toute fortune, juste au moment où l'industriel qui avait acheté nationalement son usine durant la période révolutionnaire, venait de tomber en faillite. Rentré, moyennant une somme de 30 000 francs que lui avancèrent des amis, dans le domaine patrimonial, il entreprit, pour le gouvernement de Napoléon, la fabrication du matériel de guerre. Dans les mêmes salles où l'on étame aujourd'hui pacifiquement du fer-blanc pour les boîtes de conserves alimentaires, là où s'agitent, silencieuses, des ouvrières semblables aux femmes d'Orient, la tête enveloppée tout entière de linges blancs qui ne laissent apercevoir que leurs yeux, — précaution indispensable dans leur métier, — on travailla sans relâche jusqu'à 1814 à fournir les armées de l'Empire d'essieux et de boulets. Ce genre décommandes venant à cesser brusquement en 1815, il fallut s'ingénier à trouver autre chose. Les Anglais, beaucoup plus avancés que nous alors, se montraient peu disposés à vulgariser leurs méthodes sur le continent pour s'y créer des concurrences. François de Wendel fit son petit « Pierre le Grand » ; il passa le détroit et s'engagea en 1817 comme simple ouvrier dans plusieurs usines britanniques. Il en rapporta cet affinage du fer à la houille, le *puddlage*, qu'avait inventé au siècle précédent un forgeron, aïeul des futurs comtes Dudley. Il y apprit aussi la construction des laminoirs actuels, — avec les anciens on pouvait seulement rondir le fer, mais non l'étirer. — Par un étrange contraste ce personnage, si novateur en industrie, l'était fort peu en politique. Député ultra-royaliste de l'arrondissement de Thionville, sous la Restauration, un libéral lui faisait l'effet d'un jacobin, et il apportait la même ardeur dans la défense de ses idées que dans le progrès de ses manufactures. Il eut un jour à la chasse, avec son cousin M. de Serre, ancien ministre de Louis XVIII, une discussion politique si vive que, séance tenante, en plein bois, les deux interlocuteurs envoyèrent chercher des épées et se battirent comme des jeunes gens.

A la mort de François de Wendel (1825), Hayange ne produisait que 15 000 tonnes de métal, mais ce métal revêtait des formes innombrables. Chaque forge avait encore son rayon de vente restreint et alimentait ce rayon de tous, les articles possibles en fer, tôle ou fonte : depuis les casseroles et les croix de cimetières, jusqu'aux bandages et aux mors de brides. Au début de l'industrie des voies ferrées et des besoins de marchandises nouvelles, vers 1845, la transformation des usines commença. La recherche du bon marché fit enfin délaisser, dans les hauts fourneaux, le charbon de bois vendu jusqu'à 120 francs la tonne, auquel se substitua le coke qui en coûte présentement 25. Sous la direction de M. Charles de Wendel, associé à sa mère, femme d'une rare intelligence, les forges atteignirent en 1872 un rendement annuel de 180 000 tonnes. Ce succès métallurgique n'avait pas suffi à l'activité des propriétaires d'Hayange ; ils y joignaient dans le voisinage diverses exploitations houillères.

Un jour même, par suite de causes politiques, ce côté de leur industrie fut sur le point de prendre un énorme développement. L'anecdote mérite d'être contée ; elle peut servir à l'histoire. En 1866, au moment où la guerre allait éclater entre l'Autriche et la Prusse, tandis que les deux pays marchandaient à l'envi l'un de l'autre l'alliance de la France, le gouvernement prussien s'avisa tout à coup qu'il était propriétaire sur la rive gauche du Rhin, à Sarrebruck, de mines de charbon dont on peut apprécier l'importance par ce double détail qu'elles ont rapporté, dans la seule année 1874, 31 millions de francs, et qu'elles valent aujourd'hui encore une centaine de millions. Il résolut de les vendre et, comme il semblait fort pressé de trouver un acquéreur, il se contenta d'en demander 25 ou 27 millions. La Société de Wendel, avec qui il était disposé à traiter, se mit en mesure de réaliser les fonds, aidée de divers capitalistes parisiens. Mais tandis que les pourparlers continuaient et que la guerre austro-prussienne suivait son cours, le cabinet de Berlin se refroidissait, puis élevait des prétentions nouvelles. Bref, le lendemain de Sadowa, l'affaire fut brusquement rompue par le ministre du roi Guillaume. Sans prétendre tirer de ce détail plus qu'il ne comporte, il est certain que, si la province rhénane avait dû être cédée à la France, les bien domaniaux qui y étaient situés fussent passés de droit d'un pays à l'autre ; au contraire, vendus d'avance à des particuliers, par mesure de bonne administration du gouvernement prussien, ce dernier, malgré la cession, en gardait légitimement le prix.

Si la société d'Hayange qui, par un pieux souvenir, porte maintenant cette raison sociale : « Les petits-fils de François de Wendel, » a pris un essor aussi rapide, elle le doit certainement à l'usage du procédé Thomas et Gilchrist, mais aussi et surtout à l'extraordinaire activité des deux frères qui la dirigent. Doués des qualités opposées, ils se complètent l'un l'autre. Le premier, ingénieur et industriel prodigue l'argent à propos, augmente le matériel, les moyens de fabrication ; le second, commerçant et financier, a le don de la vente, il fait rentrer avec profit les capitaux. MM. Henri et Robert de Wendel ont compris que la spécialisation était le secret du succès d'une manufacture moderne. Ils se sont attachés à ne faire qu'un petit nombre d'articles : ceux où le prix de la matière première importe plus que la perfection de la main-d'œuvre, les rails par exemple, l'acier en barres ou en lingots, le fil de fer. Et, comme le bassin de la Moselle est à ce point de vue spécialement bien placé, ils sont devenus sans rivaux pour la quantité du métal jeté en pâture au vieux monde.

Section V

Le Creusot, au contraire, tient la tête pour la variété des produits autant que pour le fini du travail. Ce méthodique et splendide entassement d'usines, couvrant 400 hectares et occupant 15 000 hommes, outillées pour soulever tous les poids, dompter toutes les résistances, mettre sur pied n'importe quelle machine, triturer et pétrir par ses pilons ou dans ses fours des blocs formidables, dociles comme la glaise sous le pouce du sculpteur, cet établissement vraiment national du Creusot, qu'un Français ne visite pas sans orgueil, est, comme le précédent, l'œuvre de l'intelligence et du labeur obstiné de deux hommes.

Un acte de 1507 sanctionne l'amodiation, *au Crosot*, d'une terre à tirer du charbon, « moyennant trois *francs* deux gros pendant six ans. » C'est en effet au charbon, plus qu'au fer, que doit le jour cette ville de 30 000 âmes, naguère hameau perdu dans un site aride, au milieu des montagnes qui séparent le bassin de la Saône de celui de l'Arroux. Au siècle dernier on appelait ce lieu « la Charbonnière ». La houille, exploitée par les procédés de jardinage indiqués ci-dessus, n'était extraite qu'à faible dose et l'un des propriétaires, le « père Dubois », en laissait prendre sur son terrain, vers 1750, la charge de six chevaux ou de quatre bœufs « moyennant un écu de six livres et autant de vin qu'il en pourrait boire… »

La houille, proscrite des villes au moyen âge, entraînant même, à Paris, condamnation à l'amende ou à la prison pour les maréchaux-ferrants qui l'employaient, accusée de vicier l'air, de jaunir le linge dans les armoires, de provoquer des maladies de poitrine, etc., commençait à être mieux appréciée. Une société se fonda au Creusot en 1784, ayant à sa tête les sieurs Perrier et Bettinger et, parmi ses principaux actionnaires, le roi Louis XVI. Son but était, avec la mise en valeur des mines que l'on venait de découvrir, rétablissement d'une fonderie de fer au *coak*, initiative hardie dont il n'existait pas d'autre exemple dans tout le royaume.

Quatre hauts fourneaux étaient en marche ; une machine à vapeur du système Watt avait été installée, et la forge se préparait à étendre ses relations à distance, grâce au canal du Centre qui allait être livré à la navigation, lorsque la Révolution éclata. Pendant vingt ans, l'usine se borna à fondre des canons, des boulets et des bombes. Les quatre lions de fonte, placés à Paris sur le perron de l'Institut, furent peut-être la seule commande pacifique faite à l'établissement par l'Etat, durant la période impériale. Soit que ces fournitures fussent peu rémunératrices, soit que le mélange du minerai local, qui ne pouvait être employé seul, avec des fontes étrangères, ait été trop onéreux, un déficit chronique eut bientôt fait disparaître le capital, remplacé par un passif qui croissait à chaque exercice. Lorsqu'en 1818 la société Perrier, qui cherchait depuis dix ans à liquider, eut enfin trouvé un acquéreur en la personne de M. Chagot, elle avait pour son compte englouti 14 millions au Creusot.

M. Chagot, à son tour, quoiqu'il n'eût payé les forges que 900 000 francs et qu'il possédât comme industriel une compétence attestée par la création des mines de Blanzy et du Montceau, auxquelles son nom demeure attaché, ne réussit pas davantage ; Le travail ne manquait pas ; la fonderie fournit notamment sous cette direction les tuyaux pour le gaz de Paris et la machine de Marly ; mais la concurrence anglaise écrasait ses prix, et la constituait en perte. Pourtant une société anglaise, à laquelle elle passa la main en 1820, ne fut pas plus heureuse. Conduite par MM. Manby et Wilson, — ce dernier père du député du même nom, gendre de M. Grévy, — elle ranima d'abord le Creusot par ses procédés plus économiques et plus expéditifs de fabrication. Puis les débouchés manquèrent et finalement, comblée de médailles et de récompenses par diverses expositions, après avoir mangé 11 millions de francs, elle faisait faillite. Ce triple échec d'une entreprise, plus tard si fructueuse, n'est pas un fait isolé. Le duc de Raguse perdait à la même époque des sommes considérables dans les forges de Châtillon, et M. Aguado dans celles de Charenton près Paris.

Le Creusot devenait, en 1836, la propriété de MM. Eugène et Adolphe Schneider. Le premier, jusque-là maître de forges dans les Ardennes, à Bazeilles, apportait les connaissances techniques ; le second, totalement novice en industrie et qui, neuf ans plus tard, mourut prématurément d'une chute de cheval, avait obtenu à titre de commandite de la banque Seillière, où il était employé, une partie des 2 600 000 francs que coûtèrent les usines. « Notre tort, disait M. Eugène Schneider, à son retour d'un voyage en Angleterre où il avait été étudier le moyen de se passer des Anglais, est d'avoir mis la théorie pure à la place de la pratique guidée par la théorie, et d'avoir trop pensé au système sans avoir assez pensé à la perfection d'exécution. »

Voici bientôt soixante ans que cette puissante dynastie des Schneider pense à « la perfection d'exécution ». Après le père, mort en 1875, le fils, M. Henri Schneider, longtemps associé à ses travaux ; après le fils, le petit-fils, investi récemment sous la présidence effective de son père du titre et des fonctions de directeur. Que cette hérédité, avec son cortège de traditions, dont le Creusot offre l'image, ait été pour beaucoup dans la glorieuse carrière qu'il a parcourue, qui songerait à le nier ? On n'en peut toutefois rien conclure, puisque c'est toujours par un hasard surprenant qu'il se rencontre en une famille deux ou trois hommes capables de se succéder dans un emploi aussi difficile ; c'est à peine en général si l'homme le plus distingué par son génie peut se flatter que son héritier sache exercer avec honneur l'humble profession de rentier.

Le Creusot est à présent parvenu au point de n'être plus égalé dans le monde que par deux ou trois établissements métallurgiques : Krupp en Allemagne, Bethlehem et André Carnegie aux Etats-Unis. Il possède, pour son usage exclusif, 300 kilomètres de voies ferrées, 1500 wagons, 30 locomotives ; ce qui ne l'empêche pas de payer annuellement pour 9 millions de francs de transports à la Compagnie Paris-Lyon-Méditerranée. Ses machines peuvent développer une force totale de 15 000 chevaux-vapeur ; la moyenne d'une forge française n'est que de 540. Aussi trouvons-nous ici réunis, dans des ateliers mitoyens, à peu près tous les grands travaux possibles en fer : matériel d'armement, de navigation, de mines et manufactures, constructions métalliques et appareils d'électricité.

Les décrire tous serait embrasser un tel morceau de l'industrie contemporaine qu'il y faudrait consacrer beaucoup plus que ces quelques pages. Suivons tout au moins les transformations principales de la matière. Lorsque l'acier, au sortir du convertisseur, est coulé dans les lingotières, il commence aussitôt à se figer et apparaît, au bout de quelques minutes, sous l'aspect d'un lingot rouge encore. En cet état il n'a de solide que l'écorce ; le centre du bloc demeure mou et même liquide. Si l'on prétendait le travailler immédiatement, cette écorce casserait, le métal en fusion jaillirait sous les presses, se perdrait, et causerait les plus graves accidents. On le laissait donc arriver à un refroidissement complet, puis, au moment de s'en servir, on le réchauffait à nouveau dans un four spécial. Depuis quelque temps on a trouvé moyen d'économiser la main-d'œuvre et le combustible exigé par cette manipulation, en invitant le lingot à récupérer lui-même sa chaleur sans aucun frais.

Suivant l'application raisonnée d'un phénomène physique très simple, le même qui exige du feu pour faire de la glace, on porte directement le lingot dans une boîte en briques hermétiquement close. La température ne tarde pas à s'égaliser dans la masse, entre le milieu et les parois. Le dégagement de chaleur, produit par le métal liquide qui se refroidit, suffit à relever assez le degré de l'atmosphère pour que l'acier, qui était entré noir, en sorte rouge et désormais dur, au dedans comme au dehors.

Le lingot est aussitôt conduit sous un premier laminoir, qui l'amincit et l'allonge, le reçoit trapu et le rend svelte. Chaque passage entre ces rouleaux, qui l'avalent d'un côté et le vomissent de l'autre, lui fait perdre en épaisseur quelques centimètres, lui fait gagner quelques mètres en longueur. L'allée qui règne au milieu de la salle est sillonnée ainsi par de longs serpents de feu, qui glissent ou s'élancent en s'effilant, pour revenir brusquement sur eux-mêmes, happés de nouveau par la machine inexorable, surveillés par une ligne d'ouvriers armés de pinces, attentifs à remettre dans le droit chemin ceux qui par hasard s'en écarteraient. Et le mouvement de va-et-vient continue jusqu'à ce que, réduites à la dimension et au profil voulu, des cisailles mécaniques morcellent de place en place ces barres flexibles, qui vont aller grossir les tas voisins.

Si le spectacle de la traînée rapide des rails, des poutrelles à plancher, est saisissant, celui de réclusion du fil de fer est d'une grâce suprême : projeté par les lèvres du laminoir, il semble se jouer capricieusement dans l'espace, décrit des courbes folles, trace des arabesques incandescentes, infiniment variées, enfin s'enroule à terre, lassé, avec de jolis mouvements d'étoffe qui s'affaisse. Ce fil rouge est traître pourtant, et les ouvriers ne le perdent pas de vue un instant. S'il venait, dans son trajet d'un appareil à l'autre, à sauter par-dessus le piquet de sûreté qui le maintient à distance, il couperait en deux le malheureux pris entre lui et la machine, comme un fil de chanvre coupe une motte de beurre. Aussi ce genre de travail, qui parait très simple, exige-t-il au contraire un apprentissage très long, où réussissent seuls ceux qui l'ont commencé presque enfants.

L'acier fabriqué par le procédé Bessemer convient parfaitement à ces divers usages. Pour les tôles, — depuis les feuilles aussi minces que du papier jusqu'aux plaques de 2 et 3 centimètres d'épaisseur ; — pour le matériel de guerre ; pour la confection des machines ; et en général pour tous les objets dont la valeur se compose de main-d'œuvre autant ou plus que de matière, on emploie l'acier Martin-Siemens. Il se fabrique au Creusot une égale quantité de l'un et de l'autre. Avec le système Bessemer on ne peut essayer le métal avant la coulée, pour y faire, s'il y a lieu, les corrections nécessaires. L'opérateur n'a qu'un moyen d'action : l'air atmosphérique qu'il insuffle en quantité et avec une pression variable. Avec le procédé Martin, il possède en outre la faculté de cuisiner son mélange à sa guise. Il y introduit, en proportion plus ou moins forte, soit du gaz comburant, soit de l'oxygène, représenté par des vieilles ferrailles et des rognures produisant de l'oxyde de fer, soit du carbone sous la forme de fonte très carburée.

Il est bon de remarquer ici que les divisions traditionnelles, représentées par ces mots : fer et acier, sont en train de disparaître. Il n'existe plus guère, à vrai parler, ni acier ni fer ; mais seulement des composés diversement carbures, le fer contenant moins de carbone que la fonte, l'acier en ayant davantage que le fer. Et cependant, malgré les progrès de la science, il est un élément imparfaitement connu encore dans la fabrication de l'acier Mari in, c'est la proportion du carbone qui se perd, par rapport à celui qui agit efficacement. On n'a là-dessus que des données empiriques ! Dans ce pot-au-feu métallurgique, qui bout à une température portée par l'invention de Siemens à environ 2 000 degrés centigrades, il faut puiser, de temps à autre, une cuillerée de la sauce infernale et la goûter… avec les yeux, pour s'assurer que les condiments utiles y existent dans la mesure désirable. Cette fusion minutieuse de l'acier Martin explique que les 20 tonnes de ce métal, obtenues toutes les dix heures dans chacun des fours, reviennent au maître de forges à 40 pour 100 plus cher que l'acier Bessemer.

Ce qui vient d'être dit sur la limite indécise qui sépare le fer de l'acier justifie l'existence des sept catégories de fer qui sortent du Creusot, depuis le *résistant* jusqu'au *nerveux* et à l'*aciéré*. Tous sont produits par agglutination, non par fusion comme les aciers. C'est même cette différence d'origine qui peut maintenir encore quelque démarcation entre l'acier et le fer : l'un pouvant se comparer à une boule de glace, l'autre à une boule de neige comprimée. Les fours à *puddler*, d'un mot anglais qui signifie masser ou pétrir, servent à cette compression. Ils sont divisés en deux compartiments : dans l'un commence l'opération par le réchauffage de la fonte ; dans l'autre elle s'achève par le malaxage. Une cloison double, dite « petit-hôtel », sépare ces fournaises mitoyennes, et, pour que les parois de terre réfractaire ne brûlent pas, on fait passer perpétuellement dans ces couloirs de l'eau qui entre froide et ressort chaude, quand elle ressort. Une partie se vaporise en route. Il se perd chaque jour dans l'usine quatre millions de litres, que l'on ne retrouve pas. Heureusement l'eau ne manque pas au Creusot : à elle seule la Saint-Laurent, pompe d'épuisement de la mine qui a coûté 2 millions de francs, enlève 1 000 litres par coup de piston à 400 mètres de profondeur.

La charge d'un four à puddler est de 220 kilos de fonte, qui rendront environ 195 kilos de fer. Au moment où cette fonte commence à devenir pâteuse, le puddleur, armé d'une espèce de crochet appelé *rable* ou *ringard*, l'agile sans trêve, pour en exposer toutes les parties au feu, qui la dépouillera de son carbone. Son expérience est telle qu'il juge la chaleur à l'œil. Quoique à peine vêtu, il est bientôt couvert de sueur : un aide le remplace. Les ouvriers ici doivent être jeunes et vigoureux ; ce sont d'ailleurs les mieux payés de l'usine. Ils gagnent en moyenne 10 francs par jour, mais ils les gagnent bien. Le puddlage est, de toutes les besognes, la plus pénible : on a tenté de la faire mécaniquement, et l'on se sert en effet de fours où le ringard est mis en mouvement par des engrenages. Mais la machine travaille en ce cas spécial moins bien que l'homme, et ce procédé ne convient qu'aux fers de seconde qualité.

Après vingt-cinq ou trente minutes d'un brassage énergique, le puddleur, courbé vers la porte du four, rassemble les grumeaux de fer à mesure qu'ils apparaissent, pour confectionner la *loupe*, sorte de bloc qu'il saisit avec des tenailles et jette sur un chariot. Portée aussitôt sous un marteau-pilon, cette masse informe commence à prendre tournure, obéissant ainsi que du mastic à la pression répétée, au *cinglage* comme on l'appelle, des 4 000 kilos de cet instrument. La boule laisse échapper de son sein 10 à 15 pour 100 d'impuretés qu'elle contenait encore. Ce déchet jaillit en paillettes de feu, si abondantes et si dangereuses que les ouvriers se doivent protéger contre elles par une véritable armure : brassards de tôle et masque de laiton.

Section VI

De ces aciers, de ces fers maintenant achevés, d'autres parties de l'usine vont s'emparer tour à tour pour leur donner une destination définitive : les uns vont modestement devenir rivets ou boulons, bandages de roues ou ressorts de sommiers élastiques ; les autres seront locomotives, navires, ponts suspendus, machines à toutes fins et de toutes forces, au service de l'énergie moderne. Ils seront aussi machines-outils, servant à fabriquer d'autres machines, échelon initial de la hiérarchie d'esclaves métalliques, constituée par les 40 000 moteurs français qui fournissent ensemble un travail équivalent à celui de 30 millions d'hommes.

Ces aciers et ces fers ne seront pas tous employés aux arts de la paix. La guerre prélève sur eux sa dîme stérile et choisit pour sa part les plus beaux morceaux. Elle en tire ses canons, elle en fait les cuirasses de ses vaisseaux ou de ses forteresses. Jadis, au temps où les princes engageaient des salariés pour se battre on leur nom les uns contre les autres, certaines provinces, certains pays où poussaient les meilleurs soldats et les moins chers, obtenaient la vogue. Il s'y établissait de beaux marchés d'hommes de guerre ; on y achetait à son choix des reîtres ou des « gens de pied. » L'Allemagne l'ut ainsi, au XVIe siècle, la place de recrutement de la chrétienté. Avec le service obligatoire et gratuit, la chair à canon ne coûte plus rien aux Etats modernes, mais les canons leur coûtent bien davantage ; et, si les individus ne sont plus blindés on face de l'ennemi, ce sont aujourd'hui les butinions militaires, sur terre et sur l'eau, qui portent des armures défensives. De là une industrie nouvelle... Nous sommes ici chez un des grands fournisseurs de l'artillerie internationale. Le Creusot possède une des brillantes clientèles belliqueuses du globe ; je vois fraterniser dans ses ateliers tout ce qui sort à envoyer des coups ou à les parer, à attaquer ou à se défendre : une coupole marine de 40 centimètres d'épaisseur pour le gouvernement roumain, des pièces analogues pour le Chili, des canons de 9 mètres pour le Japon, d'autres plus loin pour la Chine. Seulement le manufacturier, en livrant les engins aux belligérants, n'y peut joindre une notice sur la manière de s'en servir, comme font los marchands de jouets. La plupart des Orientaux ne possèdent que des notions encore sommaires sur la mécanique. Dans les bureaux de dessin du Creusot, où travaillent 100 ingénieurs, il est de maxime courante qu'une pièce dessinée est une pièce faite ; tellement la théorie en est précise, tellement les ouvriers sont rompus à son exécution pratique. Mais, lorsqu'il s'agit de commandes chinoises ou même japonaises, il faut, pour les délégués de ces pays, peu familiers avec la lecture du dessin, dresser au préalable des plans en relief.

Lorsqu'on parcourt ces chantiers, où l'extrême minutie des instruirions s'allie à la toute-puissance, on ne peut s'empêcher d'éprouver quelque tristesse en songeant à l'injustice avec laquelle des accusations légèrement portées sont parfois accueillies par l'opinion irréfléchie du public. On se souvient que la carène en tôle de certains torpilleurs sortis du Creusot et mouillés depuis quelques mois dans le port de Toulon, ayant été reconnue piquée et défectueuse, la tribune et la presse imputèrent ces avaries à un vice de construction. Ce vice paraissait difficile à admettre pour qui connaît les prescriptions très strictes, imposées par l'administration, et dont un ingénieur de la marine résidant à demeure à l'usine, avec un personnel spécial, est chargé de surveiller l'application. L'État du reste ne manque pas d'examiner avec une sage lenteur los marchandises qui lui sont destinées, puisque la machine du *Magenta* est restée quatre ans et celle du *Courbet* sept ans dans les ateliers, complètement finie, prête à être livrée. Dans l'affaire des torpilleurs il fut démontré, après enquête approfondie, que les précautions étudiées *d'après le port de Cherbourg*, avaient été, non seulement inefficaces, mais nuisibles dans le port de Toulon, pour des coques de bateaux amarrés dans un bassin où se jettent les égouts de la ville et où l'eau corrosive agit d'autant plus efficacement sur le fer qu'elle n'est pas renouvelée par la marée.

Pour établir et manœuvrer des objets de dimension et de poids tels qu'un canon de 15 mètres de long, pesant 120 000 kilos, on devine quel outillage est nécessaire. Il y a quelques années, le matériel destiné à l'artillerie a été doublé ; il va l'être encore. Chacun se rappelle, pour l'avoir vu à l'Exposition de 1878, le fac-similé du marteau-pilon de 100 tonnes. Un marteau pesant 100 000 kilos, tombant d'une hauteur de 5 mètres, c'est-à-dire ayant une force de choc de 500 000 kilos et représentant, avec son enclume et son bâti, un ensemble de près de 1 300 tonnes de métal, semblait, il y a seize ans, devoir donner des coups suffisants : il paraît que non, puisque M. Schneider ; en vue de changer les conditions du forgeage, va porter à 125 tonnes cet outil, qui, présentement, n'a que trois rivaux dans le monde et qui bientôt n'en aura plus.

Le marteau de 100 tonnes est déjà dépassé par sa voisine, la grue roulante de 150 tonnes, mue par l'électricité, qui soulève et transporte en se jouant des fardeaux invraisemblables. Il semble enfin bien peu de chose devant les presses hydrauliques de 2 000 et 4 000 tonnes — 4 millions de kilos — chargées de l'étirage et du cintrage des grosses pièces. La perfection, la vigueur de ces outils ne garantissent pas toujours des échecs : il faut souvent fondre les canons deux ou trois fois avant de les réussir. Une plaque de blindage vendue 2 fr. 50 le kilo paraît bien payée lorsqu'on multiplie ce chiffre par les 30 000 kilos qu'elle pèse, ce qui en porte la valeur à 750 000 francs : quand on envisage les détails et les déboires de la confection de ces boucliers contemporains, leur prix n'a plus de quoi étonner.

Avant de se laisser modeler au gré de l'homme, ces formidables morceaux d'acier doivent être réchauffés dans un four à gaz, durant 40 heures de suite, à une température de 1 500 à 1 800 degrés. Lorsqu'on les croit finis, une simple fente les rend parfois inutilisables ; ils sont mis au rebut comme « bocage, » bon à casser et à refondre pour des emplois vulgaires.

J'ai vu traiter sous mes yeux une de ces plaques, dans laquelle le contremaître avait remarqué une bouffissure légère, produite par du gaz emprisonné sous la surface. On abattit les briques du four, on en sortit le bloc, dont la chaleur rayonnante nous étouffait à vingt mètres de là. On recouvrit sa surface de nombreuses housses en tôle, pour en pouvoir approcher, ne laissant visible qu'une étroite place où était le siège du mal. Puis trente hommes armés de tiges de fer et se relayant — les mêmes ne pouvaient tenir plus d'une demi-minute — se ruaient sur cette masse de toutes leurs forces, fouillant sa petite plaie, creusant afin d'arracher la paille ou le grain d'acier moins bon qui s'y était indûment logé. Cette interruption d'une heure allait occasionner peut-être un supplément de frais de 500 ou 600 francs pour cet objet. .Mais aussi c'est au prix de pareils efforts, de pareils scrupules, que le Creusot, quand il mène ses produits concourir dans les polygones, a la douce satisfaction de leur voir décerner partout le premier rang.

Ces travaux n'exigent pas moins de délicatesse que de force : les outils si variés des ateliers de construction ont beau accomplir avec conscience la besogne dont on les charge, ils ne sauraient se passer de la direction soutenue d'ouvriers très experts. C'est le cas des machines à forer, à raboter, aléser, cintrer, etc. Le découpage des tôles se fait à tout petits coups successifs ; le *fraisage* obtient, avec un mouvement rotatif, une usure artificielle et imperceptible. Il ne faut pas moins de quinze jours pour percer un arbre de marine de 9 à 10 mètres de long ; les grandeurs, dans cette tournerie, sont effrayantes de précision, mesurées au *centième de millimètre* avec la « roue Palmer », instrument qui sert à apprécier les dimensions microscopiques. La tolérance accordée, en plus ou en moins, n'excède pas i ou 5 « centièmes de millimètre. » Le moulage, pour les objets destinés à être fondus dans ces fosses énormes qui semblent des cathédrales renversées, demande des soins analogues. Tantôt il faut se servir de sable réfractaire, tantôt d'un composé d'argile, de charbon, d'étoupe et de crottin de cheval. Dans ce dernier moulage, suivant la nature de la terre employée, blanche, rouge ou grise, l'ouvrier doit calculer d'avance l'écart exact, variant de 5 à 15 millimètres par mètre, que prendront a la coulée ces matières différentes, écart nécessaire pour permettre l'échappement des gaz.

Section VII

Une étude de la métallurgie actuelle serait trop incomplète si l'on négligeait d'envisager, à côté des progrès matériels, la situation économique de ceux qui s'adonnent à cette industrie comme capitalistes et comme travailleurs.

Pour les premiers, avouons-le d'abord, s'ouvre un avenir immédiat peu encourageant. Il se fonde des usines nouvelles, la production tend à augmenter sensiblement. Cependant la consommation reste et doit rester assez stationnaire d'ici quelque temps. Les chemins de fer, ainsi que la grande machinerie, sont en majorité construits. La fabrication des rails et des locomotives a disparu dans plusieurs usines. D'autre part l'exportation a beaucoup décru. Sur une production totale de 150 000 tonnes, le Creusot n'en exporte pas plus de 10 000 : divers pays traversent une crise financière ; d'autres, où nous trouvions des débouchés fructueux, ont appris à s'outiller eux-mêmes, comme la Russie ou les Etats-Unis. Ils ne sont plus nos clients ; bientôt sans doute ils seront nos rivaux. Or les commandes de l'étranger avaient absorbé jusqu'ici une portion notable de notre activité : la compagnie de Fives-Lille, par exemple, qui ne fabrique pas le fer et se borne à le mettre en œuvre, mais qui occupe le premier rang dans sa spécialité, a, depuis sa fondation en 1861, exécuté des charpentes et des ponts métalliques tonnant ensemble 181 millions de kilos. Là-dessus il n'y a pas eu plus de 81 millions pour la France ; tout le reste a passé la frontière. Ces sources de richesses sont menacées de tarir…

Mais laissons l'avenir ; voyons le présent et le passé le plus proche : un certain nombre de forges sont très prospères, les unes parce qu'elles ont eu la bonne fortune d'exploiter quelque temps un monopole, — c'est le cas des usines de l'Est, — les autres parce qu'elles ont eu *depuis une date reculée* une direction à la fois audacieuse et économe. Le Creusot est de ce nombre ; c'est uniquement à ce facteur qu'il doit son succès. Créée au capital de 4 millions en 1837, la société « Schneider et compagnie » a été portée par des versements successifs, de 1847 à 1873, à 27 millions divisés en 75 000 actions, dont la valeur originelle est de 360 francs. Ces actions sont aujourd'hui cotées, à la Bourse de Lyon, aux environs de 2 000 francs, et ont touché, pour les derniers exercices, un dividende de 96 francs nets.

L'acheteur primitif reçoit donc aujourd'hui un intérêt de 26 pour 100 de sa mise, mais il ne le reçoit que depuis fort peu de temps et il n'est nullement certain qu'il le conserve toujours. Jusqu'en 1891, le revenu de l'action ne dépassait pas 80 francs ; avant 1880, il n'atteignait en moyenne que 50 francs, et pendant les quinze années qui suivirent la fondation, il fut des plus modestes. En 1848 la situation était encore très périlleuse. Si l'on considère le Creusot *depuis son origine*, en soudant aux 27 millions de la compagnie actuelle les 30 millions qui avaient été risqués et perdus par trois couches de capitalistes malheureux, le bénéfice global de l'entreprise devient moitié moindre. Il s'agit pourtant du plus gros succès connu, d'une société dont le président est traité dans la presse, à la mode américaine, de « roi du fer ». Ce dividende, il ne nous est pas permis de l'analyser, d'en faire connaître la substance. Mais si l'on décomposait les éléments qui, en face d'un chiffre de ventes d'environ 55 millions de francs, constituent le profit de 8 millions obtenu l'an dernier, on verrait quelle somme d'efforts il représente. Ainsi une partie de cette somme provient d'intérêts pris à propos dans des forges éloignées qui ont joui depuis quelque temps d'une situation exceptionnelle mais transitoire.

Ces grandes exploitations, si solidement assises que le public se les figure volontiers garnies d'un revenu naturel à chaque automne, comme aux rosiers chaque printemps poussent des roses, ne subsistent au contraire que par l'ingéniosité constante de ceux qui les dirigent. Quelque magnifique que soit la rémunération de ceux-ci, elle n'est pas excessive. Lorsqu'ils prétendent mériter un salaire tout à fait hors de proportion avec celui de n'importe quels employés, ils ont raison : vénalement, leur prix n'est pas comparable. Les hommes qui ont été les chevilles ouvrières des principaux organismes de notre époque, n'ont jamais été payés trop cher, parce que leur capacité a été extrêmement avantageuse à leur patrie.

Les différents services d'une usine métallurgique un peu compliquée, quoiqu'ils soient dotés, de même que les comptoirs des grands magasins, d'une autonomie parfaite, qu'ils s'achètent les uns aux autres leurs matières premières et se vendent leurs matières fabriquées, — de sorte que la Forge est débitrice des Hauts Fourneaux et créancière de la Construction. — non seulement ne font pas tous fructifier également le capital qu'ils exigent, mais plusieurs ne procurent aucun revenu, et quelques ateliers se soldent en perte. Si l'on persiste à les maintenir, c'est que, pour renoncer à une fabrication, il faut être sûr qu'elle ne reprendra jamais. Le personnel exercé, l'entraînement, sont si onéreux à établir ! Impossible de s'arrêter une heure ! La transformation permanente de l'industrie du fer exige des renouvellements complets de matériel ; il reste aujourd'hui très peu d'outillage ayant vingt ans de date. Il a été dépensé au Creusot, en améliorations, une somme égale au triple du fonds social. C'est uniquement à cette épargne que l'institution doit sa puissance, et de sa puissance seule elle tire son revenu. Si les premiers metteurs en œuvre s'étaient hâtés de jouir, il aurait fallu, pour agrandir l'affaire, augmenter le capital, et l'ensemble des souscripteurs n'aurait aujourd'hui qu'un très faible dividende.

C'est le cas de beaucoup d'établissements, parmi les mieux administrés, auxquels les circonstances premières n'ont pas été favorables. Qui voudra parcourir les annuaires de la Chambre des agents de change de Paris et de Lyon, où sont consignés le revenu et la valeur des principaux titres métallurgiques depuis un quart de siècle, apercevra les actionnaires dans une posture peu enviable. On y voit des aciéries, comme celles de Denain et Anzin, qui marchent depuis quarante ans sans avoir distribué un centime. Celle de Trignac (Loire-Inférieure), où la grève a fait quelque bruit il y a deux ans, a déboursé 32 millions, et, après quinze ans de luttes pendant lesquelles elle a payé 21 millions de salaires, sans que le capital eût produit aucun intérêt, a renoncé au fer, qui la mettait en perte.

On peut regarder comme normale la répartition de 6 pour 100 du capital versé… par les compagnies qui répartissent quelque chose ; le revenu moyen des sommes engagées dans la métallurgie est bien plus bas, attendu que beaucoup de compagnies ne répartissent rien du tout. Il en est ici comme pour l'extraction de la houille où, en regard de 174 mines en gain, figurent 123 mines en perte. Ces faits sont importants à connaître : « l'odieux capital », qui passe pour un richard sans entrailles, n'est souvent qu'un mendiant

Section VII

auquel personne ne s'intéresse. Loin qu'il « s'engraisse des sueurs du peuple, » selon la métaphore hardiment banale, c'est souvent le peuple qui « s'engraisse des sueurs » du bailleur de fonds ; puisque l'ouvrier touche un salaire, dont il peut économiser et placer une partie, pendant que les économies antérieures du capitaliste sont jour à jour dissipées par l'usine. Sait-on quelle est, d'après une statistique officielle, la situation exacte de l'industrie minérale française, dans son ensemble ? En compensant les gains et les pertes, le bénéfice net annuel ressort *à 265 francs par ouvrier occupé*. De sorte que, si toutes les mines de fer et autres — sauf les houillères — étaient purement confisquées demain par l'Etat collectiviste, sans aucune indemnité pour les propriétaires ; si le même Etat, par droit de conquête, s'emparait aussi du matériel ; s'il n'en résultait aucune perturbation sociale susceptible de paralyser l'exploitation ; si la discipline demeurait aussi rigoureuse, la gestion aussi prudente, l'initiative aussi éveillée ; en supposant tout ce qui précède, et en admettant des salaires et des frais généraux identiques, chaque ouvrier toucherait 205 francs en plus de ce qu'il reçoit aujourd'hui dans cette industrie.

Quoiqu'il n'ait pas été fait de calcul analogue pour la métallurgie proprement dite, je ne crois pas téméraire d'avancer que la situation y est à peu près semblable, avec cette différence que le salaire moyen y est plus élevé, parce que la proportion des femmes employées est moindre qu'ailleurs. Au Creusot, où la main-d'œuvre absorbe 18 millions de francs, la part de chaque ouvrier est de 1 400 francs en moyenne, et, si l'on défalque les apprentis, de 1 500, auxquels se joint la somme consacrée par la direction aux œuvres philanthropiques (retraites, logements, etc.) formant une dépense de 136 francs par tête.

La plupart des travaux se faisant à la tâche, l'ouvrier est payé suivant son mérite. Les individus débutent dans l'état d'égalité où la nature nous fait naître : diversement pourvus d'intelligence et de vigueur physique. Le personnel se classe lui-même par une sélection automatique. Au sortir de l'école primaire les enfants entrent à l'école spéciale fondée par M. Schneider. Le rêve d'une instruction intégrale donnée, ou du moins offerte, à l'universalité des citoyens est réalisé dans cette ruche industrielle. Il n'est si petit ouvrier qui n'ait suivi des cours assez complets pour devenir ingénieur. Aussi plusieurs le deviennent-ils et dirigent, des services voisins de ceux où leurs pères sont employés comme simples compagnons. Le plus grand nombre des fonctions les mieux rétribuées de la manufacture est ainsi réservé aux « enfants de la balle. » Le Creusotin n'émigre guère, — 99 pour 100 des ouvriers sont du pays : — de même on immigre peu chez lui.

M. Schneider n'est pas trop fâché, j'imagine, de cet isolement. C'est une intéressante et très noble figure que celle de ce personnage bienfaisant et autoritaire, monarque absolu, aussi pénétré de ses devoirs qu'il est attaché à ses droits. Pour lui, la solution du problème social est tout entière dans l'encyclique du Saint-Père : *De conditione opificum*. Il n'hésite pas à dire qu'il y a bien des mauvais patrons et à montrer en quoi ils sont, mauvais. Le « bon patron », homme tellement juste que les ouvriers ont pris en sa justice une entière confiance, cherchant à satisfaire leurs besoins, à soulager leurs misères, s'occupant de leur avancement intellectuel et moral, voilà le type qu'Henri Schneider s'est proposé pour modèle, voilà le modèle qu'il est lui-même.

Sa famille le seconde dans cette œuvre ; un détail piquant le montrera. La métallurgie offre peu d'ouvrage aux femmes ; beaucoup ne trouveraient pas dans la localité, depuis surtout que la dentelle en est disparue, le supplément de ressources nécessaires à leur ménage. Mme Henri Schneider s'est mise en quête d'un autre travail ; elle a acclimaté la confection des tricots et, se constituant le mandataire de ces épouses, mères ou filles d'ouvriers, elle ne craint pas d'aller vendre périodiquement, dans un ou deux centres commerciaux, au mieux des intérêts que sa situation la met à même de défendre, les produits dont tous ces braves gens l'ont chargée. Que ces procédés de père de famille aient acquis l'amitié de son personnel à ce patron qui, l'an dernier, faisait cadeau à la ville d'un hospice de 2 millions, on en a plusieurs preuves : peu d'agglomérations usinières sont aussi paisibles ; 4 000 ouvriers sur 12 000 — le tiers de l'effectif — comptaient, en 1889, plus de 20 ans de services ; 1 500 étaient occupés depuis plus de trente années. Cette stabilité n'a rien de la résignation de l'homme qui « broute » là où le sort l'attache. Vienne le scrutin, il est peu de députés nommés à moins de frais que M. Schneider, quoique sa politique ne doive pas être, semble-t-il, celle de ses électeurs.

Il est donc des cas où la concorde peut être maintenue entre l'employeur et l'employé, où la tête et le bras ne se font pas la guerre. Les bras peuvent se convaincre ici de la capacité des têtes ; tout ingénieur sortant de l'école est astreint à un stage de six mois comme ouvrier. Le fils de l'ingénieur en chef, sorti le 17e de l'Ecole centrale, a débuté manœuvre aux fours Martin. D'un autre côté, le travail manuel prend hautement conscience de son mérite, de sa dignité. Nous sommes dans le chantier de montage, là où huit hommes en quinze jours bâtissent une locomotive. Onze heures sonnent, c'est le moment du déjeuner. Les marteaux s'arrêtent de frapper ; le silence s'établit en un clin d'œil. Chaque ouvrier dépouille ses vêtements de travail, les enferme dans son placard, savonne méticuleusement ses mains et sort, en costume presque soigné ; c'est un gentleman. C'est à tout le moins un « infâme bourgeois ».

Bourgeois de naissance, ouvrez-lui vos rangs, mais ne vous flattez pas que, le jour où tous les ouvriers seront ainsi entrés dans la bourgeoisie, les luttes de classes cesseront. Oui, le niveau s'élève et s'élèvera ; le nivellement cependant ne s'opérera pas ; or le malheur d'un grand nombre consistera toujours uniquement dans la vue du bonheur extrême de quelques-uns. S'il y avait des hommes immortels, la mort ne serait-elle pas beaucoup plus triste pour les autres ? Si personne, comme a dit Pascal, « ne s'est jamais affligé de n'avoir pas trois yeux, » c'est apparemment parce que personne ne les a jamais eus : du jour où un Français, sur 10 000, posséderait ce troisième œil, les 9 999 autres seraient inconsolables aussitôt de ne plus en avoir que deux.

ISBN : 978-1979680165